一看就懂的图表科学书

不可思议的力

〔英〕乔恩·理查兹 著　　〔英〕埃德·西姆金斯 绘　　梁秋婵 译

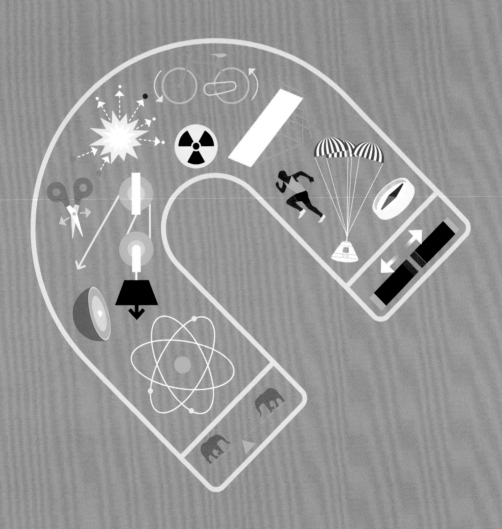

中国妇女出版社

目　录

欢迎来到
信息图的世界!

运用图形和图画,信息图以全新的方式使知识更加生动形象!

你会看到火箭如何
克服地球重力。

你能读懂机翼是如何
发挥作用的。

你会发现一级方程式赛车的刹车
到底有多热!

你能弄清列车
如何借助磁力
悬浮起来。

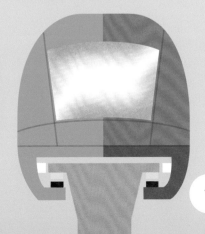

重力

当你把某样东西抛向空中时,你知道它肯定会落到地面。这种现象是由一种被称为重力的力引起的。重力通常指地球表面附近的物体所受的地球引力,也泛指天体对其他物体的吸引力。

质量和重量

你的身体包含的物质有多少,你的质量就有多少,无论你走到哪儿,这都不会改变。而衡量你的重量,是要看有多少重力作用在你身上,重量会随重力的变化而变化。

牛顿(符号是 N)是计量重力的单位。

千克(符号是 kg)是计量质量的单位。

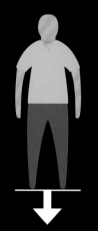

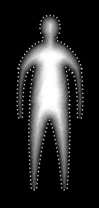

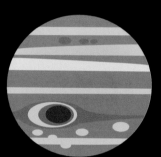

1000牛顿
是你在地球上的重量。

2 500牛顿
是你在木星上的重量。

任何具有质量的物体都有一种吸引力(即万有引力),可以吸引其他具有质量的物体。地球或其他星体吸引其表面附近物体的力就叫作重力。重力使我们能够待在地球表面而不会飞入太空。而且,物体的质量越大,它产生的引力就越大。木星的重力约是地球重力的2.5倍。

进入轨道

如果一个物体运动的速度足够快,它会沿着一种被称为轨道的路径绕地球运行。物体在轨道上运行所需要的速度是由它所处的高度决定的,即物体离地球表面越近,它就必须运行得越快。

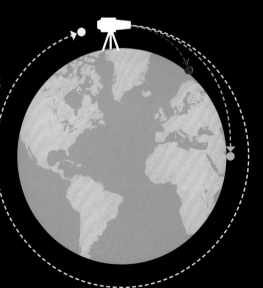

人们相信,艾萨克·牛顿(1643—1727年)看到了苹果从树上落下来,才产生了他那些关于万有引力的想法。

在赤道正上方35 786千米的高度，大约每过24小时，卫星刚好能绕地球1周，因此它能够始终保持在赤道某一固定点的正上方。**这样的运行轨道被称为地球静止轨道。**

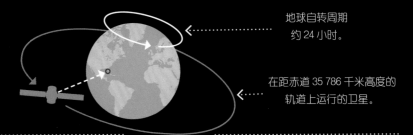

地球自转周期约24小时。

在距赤道35 786千米高度的轨道上运行的卫星。

行星轨道

除了能使卫星持续地绕地球运转，引力还会使地球等行星绕太阳运转。离太阳越近的行星，在轨道上运行的速度就越快。

轨道速度（千米/秒）

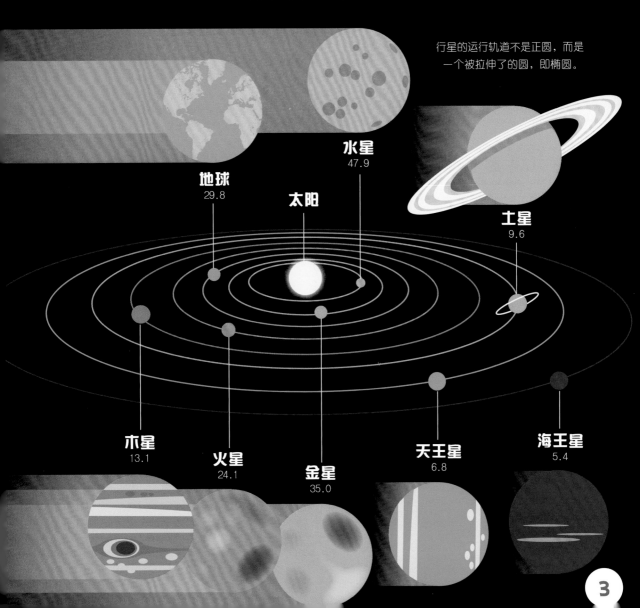

行星的运行轨道不是正圆，而是一个被拉伸了的圆，即椭圆。

地球
29.8

水星
47.9

太阳

土星
9.6

木星
13.1

火星
24.1

金星
35.0

天王星
6.8

海王星
5.4

重力的应用

尽管重力令我们将物体送入太空的行动变得困难重重，但我们也可以利用重力做很多事，例如发电、探索太空以及发现遥远的世界。

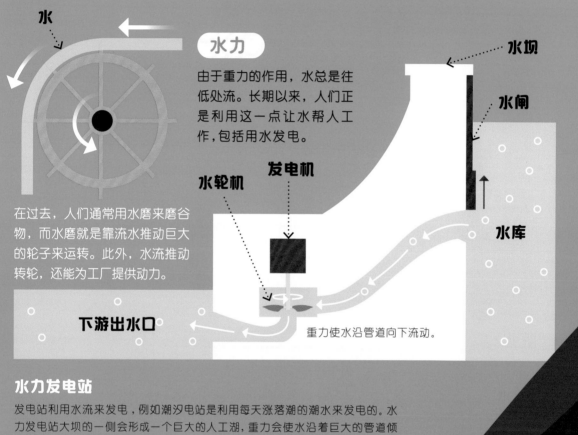

水

水力

由于重力的作用，水总是往低处流。长期以来，人们正是利用这一点让水帮人工作，包括用水发电。

水坝

水闸

发电机

水轮机

水库

在过去，人们通常用水磨来磨谷物，而水磨就是靠流水推动巨大的轮子来运转。此外，水流推动转轮，还能为工厂提供动力。

下游出水口

重力使水沿管道向下流动。

水力发电站

发电站利用水流来发电，例如潮汐电站是利用每天涨落潮的潮水来发电的。水力发电站大坝的一侧会形成一个巨大的人工湖，重力会使水沿着巨大的管道倾泻而下，冲击装有巨大叶片的水轮机，并推动它运转。水轮机连接着发电机。水轮机快速旋转，带动发电机产生电能。（见上图）

克服重力

为了挣脱地球重力的束缚进入太空，你需要用到动力强劲的火箭。燃料燃烧产生的高压气体高速喷出并产生推力，帮助火箭前进。

燃料燃烧，产生炽热的高压气体。

热气流从火箭尾部喷出。

58 000

千米／小时，

是新地平线号探测器的发射速度。它是由美国国家航空航天局（NASA）发射的，从地球飞往冥王星执行任务。

空间探测器得以加速离开。

像弹弓一样

为了前往太阳系中那些遥远的行星，航天器需要耗费大量的能量。不过，它可以通过贴近其他行星飞行来借力。通过这种方法，行星的重力使飞船加速，使其像被弹弓迅速射出一样，更快地飞向目的地。

行星

火箭被热气流产生的推力推动向前。

空间探测器飞近行星。

遥远的行星

所有具有质量的物体，哪怕它们非常非常小，都会吸引其他物体。因此当行星绕太阳运行时，它们会来回"拉动"太阳。天文学家利用这一点来寻找绕其他遥远的恒星运行的行星。

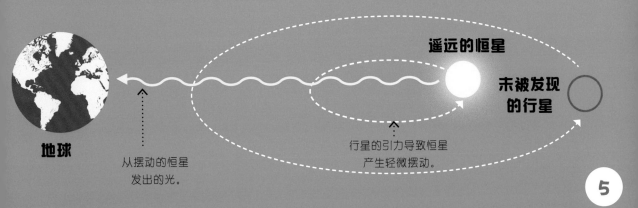

遥远的恒星

未被发现的行星

地球

从摆动的恒星发出的光。

行星的引力导致恒星产生轻微摆动。

摩擦力

当两个物体相互摩擦时，它们之间会产生一种力，叫作摩擦力。这种力使物体移动变得更困难，但它却能很好地帮助物体减慢运动速度。

接触

摩擦力是在两个物体的接触面上发生的，它能阻碍两个物体相对滑动，或阻碍它们产生相对滑动的趋势。它的方向与运动方向相反。

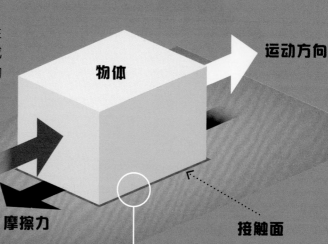

运动方向

物体

推力

摩擦力

接触面

粗糙和光滑

在一定程度上，摩擦力的大小取决于两个物体接触面的粗糙或光滑程度。接触面粗糙会增大摩擦力，接触面光滑则会减小摩擦力。

光滑

粗糙

润滑剂

润滑

人们会使用润滑剂（例如油）来减小摩擦力，让物体运动得更顺畅。润滑剂能于两个物体之间形成一个润滑层，使物体间的滑动更容易。

滑冰

当你穿着滑冰鞋站在冰面上时，鞋底细薄的冰刀会增大你对冰面的压强（见第12页）。这种较大的压强会令一小部分冰融化，在冰面上形成一个薄薄的水层。水层能起到润滑的作用，减小冰面与冰刀间的摩擦力，使滑冰者能更轻松地在冰面上滑行。

冰刀

接触面

车轮

车行驶时，车轮与地面的摩擦力较小，这是因为它并非在地面上滑动，而是在地面上滚动。

冰刀

水　　冰

摩擦力的应用

自行车或汽车的制动装置（俗称刹车）的工作原理是：通过外压力使制动块按压制动盘，增大两者之间的摩擦力，降低车轮转动的速度，达到减速或停车的目的。

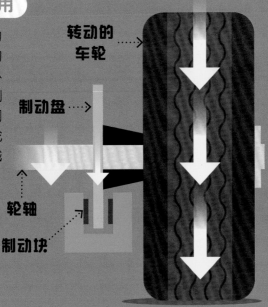

转动的车轮

制动盘

轮轴

制动块

制动盘、轮轴和车轮停止转动。

制动块被按压在制动盘上。

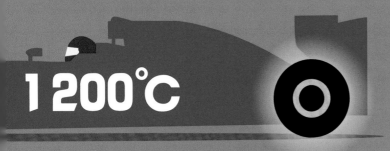

1 200℃

1 200℃是一级方程式赛车的制动盘被设定的耐受温度。如此高的温度足以熔化黄金！

流线型和阻力

在空气或水中移动可不是一件很容易的事,尤其是当一个物体的形状不那么合适的时候。如果改变物体的形状,让水流或气流能更顺畅地流过它的表面,物体就能运动得更快、更高效。

什么是空气阻力?

空气阻力是物体在空气中运动时产生的阻力,如空气分子与物体表面的摩擦力。物体运动得越快,空气阻力就越大。

空气阻力

克服空气阻力

为了减小空气阻力,物体的外观被设计成流线型。例如,子弹或跑车拥有尖尖的头部、平滑的身体曲线和特殊形状的尾部,以使空气阻力大大减小。

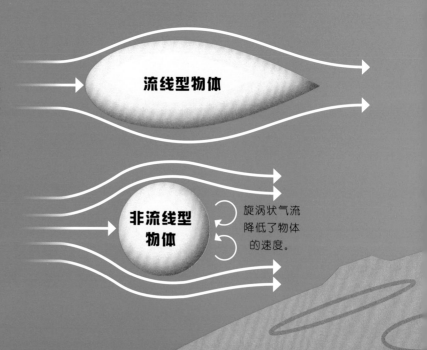

流线型物体

非流线型物体

旋涡状气流降低了物体的速度。

空气阻力的应用

在降低物体速度方面，空气阻力很有用处。跳伞运动员使用降落伞能增加空气阻力，使下落的速度降至安全水平。赛车手和一些战斗机飞行员也会使用降落伞为他们的车辆、飞机减速。

空气阻力

重力

水的阻力

在水中移动比在空气中更困难。不过，人们利用各种方法有效降低了水对船的阻力，让船行驶得更快、更轻松。

双体船的两个船体可以将船身托离水面。

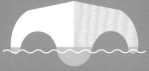

三体船的三个船体也可以将船身托离水面。

水翼船的底部装有水翼。航行时，水翼能使船体全部或部分升离水面。

羽毛和重量

如果你在同一高度将一根羽毛和一把锤子同时扔下，羽毛会因空气阻力的作用而下落得更慢。但是，如果你在真空中重复这个动作，就像1971年一位宇航员在月球上做的那样，羽毛和锤子就会以相同的速度下落，因为真空中没有空气。

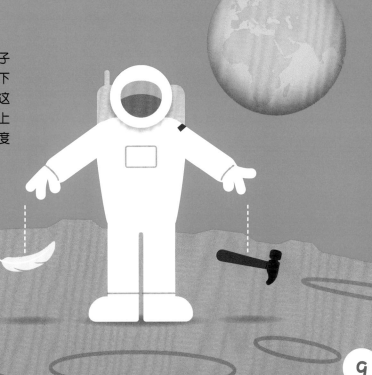

变速

如果没有外力作用，物体要么静止不动，要么做匀速直线运动。如果给物体施加一个力，比如往前推或往后拉，那么物体的运动速度或运动方向就可能改变，甚至两样都会发生变化。

更快和更慢

速度变快被称为"加速"，变慢则被称为"减速"。单位时间内加速度变化的量被称为"加速度"。

落向地面

重力作用使物体加速向行星表面下落。不同的星球有不同的重力（见第2页），因此物体下落的加速情况也不一样。

加速

减速

运动方向

9.8 米／秒^2

是地球赤道上的重力加速度。

重力加速度的常用单位是米／秒^2。在地球上，物体第1秒开始时以9.8米／秒的速度下落，第2秒开始时以19.6米／秒的速度下落，第3秒开始时以29.4米／秒的速度下落，以此类推。

第1秒开始时：
9.8 米／秒

速度和方向

加速度与物体的运动速度和运动方向都有关系。比如一辆汽车在转弯时，即使车速没变，但运动方向改变了，它的加速度就变了。

汽车

第 2 秒开始时：
19.6 米／秒

第 3 秒开始时：
29.4 米／秒

电梯的加速度平均约为 **0.5** 米／秒 ^{2}

不同的加速度

过山车的加速度可达 **50** 米／秒 ^{2}

射出枪口前的手枪子弹的加速度可达 **10** ^{6} 米／秒 ^{2}

弹射出的战斗机座椅的加速度可达 **200** 米／秒 ^{2}

接近地面的自由落体的加速度约为 **9.8** 米／秒 ^{2}

发射后的载人火箭的加速度一般不超过 **40** 米／秒 ^{2}

压强

一种物体垂直作用在另一种物体单位面积上的力，叫压强。这种力，大气能能施加给你，针尖能施加给你，深海中的海水也能施加给你。

35 000米
这个海拔高度的气压还不到海平面的1%。

20 000米
此处的气压约为海平面的5%。

10 000米
此处的气压非常低，因此在这个高度飞行的飞机必须有增压机舱，以确保人们呼吸自如。

压强和深度
在海洋深处，海水可以产生巨大的压强。

0米（海平面）
这里的气压通常被视为标准大气压。

水下10米
此处海水的压强是海平面的2倍。

水下120米
潜水员在这个深度工作时，需要穿戴特殊压力防护服。

压强的改变

在液体内部，液体向各个方向都有压强。如果受力面积相同，压力越大，压强越大。深处的水压力更大，因此水射得更远。

压力
液体

压强较小

压强较大

压强的大小与受力面积有关。如果压力的大小不变，受力面积越大，压强越小；受力面积越小，压强越大。

压强较大

压强较小

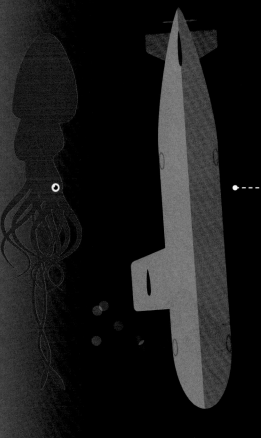

水下900米
潜水艇需要有一个极为坚固的艇体来承受巨大的压强。

水下11 000米
这个深度的压强大约是海平面处的1 100倍。

水下约11 000米
这是太平洋马里亚纳海沟挑战者深渊的深度。这大概是海底最深的地方。

8 848.86米
是地球上最高峰珠穆朗玛峰的海拔高度。这里空气非常稀薄,登山者必须随身携带氧气瓶以保证呼吸。

压强和高度
空气有质量。它能产生气压,时刻压向空气中的一切物质。由此可知,越往高处走,空气稀薄,气压就越小。

人体表面积大约是2平方米,压往身体表面的空气的质量约为**20吨**。

0米(海平面)
一般认为这里的气压是1标准大气压,但实际气压值会受天气影响而发生变化(见第14页)。

压强的应用

我们可以通过改变压强做许多事情，例如移动物体、飞离地面，以及预测未来的天气。

液压装置

挖掘机等机械能够给液体施加压力，这些力经由液压缸的转化，就能驱动机械臂运转了。

液体沿着管路被推入液压缸。

活塞连接着挖掘机的机械臂，带动它向前伸出。

给液体施加压力，增大压强。

液体在压力作用下将液压缸内的活塞推向另一端。

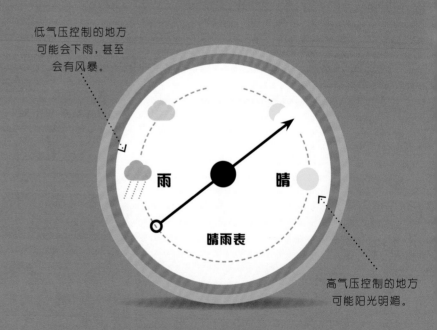

低气压控制的地方可能会下雨，甚至会有风暴。

气压和天气

随着空气温度的升高或降低，空气对地面产生的压力也会发生变化。气压的变化可以告诉我们未来会有什么样的天气。

雨　　晴

晴雨表

高气压控制的地方可能阳光明媚。

压向地面

从侧面看，赛车车翼与飞机机翼的形状相似，但它们上下方的曲线相反。这些车翼会在赛车行驶中产生向下的力，即下压力。这种力会将赛车压向赛道，从而增大轮胎的抓地力，防止赛车在转弯时打滑。

车翼上方的气流速度较慢，对翼面的压强较大。

车翼下方的气流速度较快，对翼面的压强较小。

尾翼

下压力

前翼

飞离地面

飞机机翼的形状是经过特别设计的，它会产生一种叫升力的力，帮助飞机离开地面。

机翼略微倾斜，迫使更多的空气从机翼下方流过，从而使飞机上升。

升力

机翼的上表面较为弯曲。

机翼上方的空气比机翼下方的空气流动得更快，对翼面的压强更小，从而产生向上的升力。

机翼下方的空气对机翼施加的压强更大，将机翼向上托起。

增大压强

有时候，增大压强对我们有帮助。例如，向下按图钉的大圆帽，使压力传递到钉尖那个很小的点上，从而大大增加了压强，图钉就能扎透物体表面了。

钉尖使压强增大。

减小压强

有时候，减小压强对我们有好处。例如，拖拉机配有宽大的轮胎。比起普通的轮胎，它们与地面的接触面积更大，这样就能减小压强，避免沉重的拖拉机在工作过程中陷到泥里或把土压得过实。

减小压强。

杠杆和楔子

杠杆和楔子是两种简单机械。杠杆能使我们更容易地抬起物体或推着物体前进。楔子可以使物体裂开或阻止物体移动。

杠杆

杠杆通常由一根杆和一个固定点（支点）组成，且杆可以绕固定点转动。杠杆能够增强力的作用效果。使杠杆转动的力（动力）、阻碍杠杆转动的力（阻力，如重物产生的压力）和支点，这三者的位置关系不同，会形成三种类型的杠杆。

第一种：等臂杠杆
支点在动力和阻力的正中间，例如跷跷板。

动力

第二种：省力杠杆
支点离阻力的作用点更近，例如拉杆书包。

动力

重物

动力

支点

第三种：费力杠杆
支点离动力的作用点更近，例如钓鱼用的鱼竿。

动力

力臂和力的关系

沿力的作用方向画出线，是力的作用线。从支点到力的作用线的垂直距离，叫力臂。改变力与支点的距离，力臂就会发生改变。

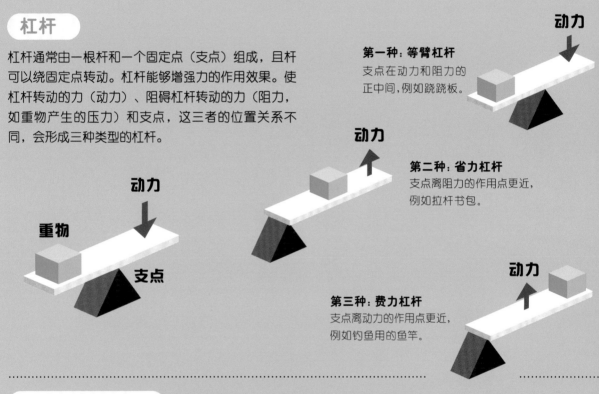

作用力

重物

支点

力臂，1米

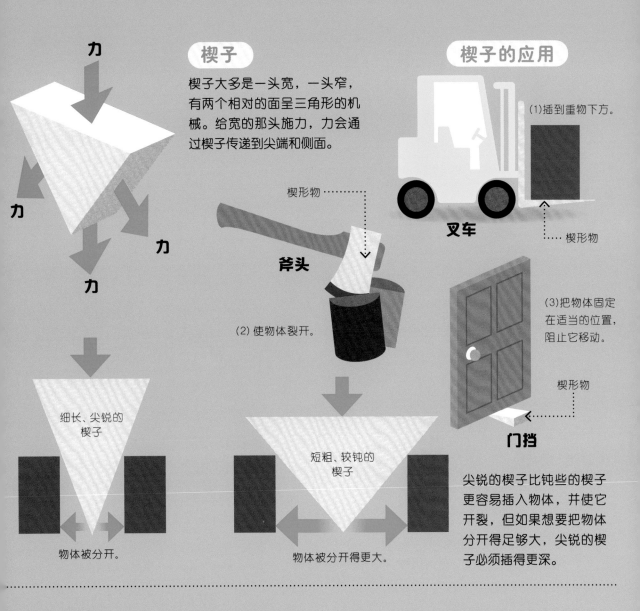

力

楔子

楔子大多是一头宽，一头窄，有两个相对的面呈三角形的机械。给宽的那头施力，力会通过楔子传递到尖端和侧面。

力

力

力

楔形物 ⋯⋯

斧头

(2) 使物体裂开。

细长、尖锐的楔子

短粗、较钝的楔子

物体被分开。

物体被分开得更大。

楔子的应用

(1)插到重物下方。

叉车

⋯⋯ 楔形物

(3)把物体固定在适当的位置，阻止它移动。

楔形物

门挡

尖锐的楔子比钝些的楔子更容易插入物体，并使它开裂，但如果想要把物体分开得足够大，尖锐的楔子必须插得更深。

力臂越长，力对物体的作用就越大，需要的力就越小。用扳手把螺母拧松，要比用手拧更容易，就是这个原因。

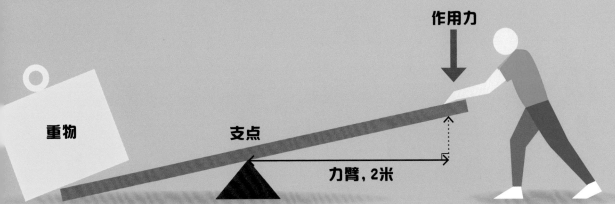

作用力

重物

支点

力臂，2米

斜坡和螺旋

斜坡也被称为斜面,常被用来使抬升物体变得更容易。螺旋可看作在圆柱体上缠绕成螺纹状的斜面。

斜面

斜面的一端高于另一端。从侧面看,以它为斜边,可以与水平面组成一个直角三角形。将物体沿斜面向上移动,比使物体垂直上升相同的高度更省力,但物体的移动距离也更大。

重物　　**抬升的高度**

力

斜面和力的关系

要把物体抬升至某个高度,如果增加斜面的长度,斜面的作用就会增强。这会减小需要的力,但会增加物体需要移动的距离。

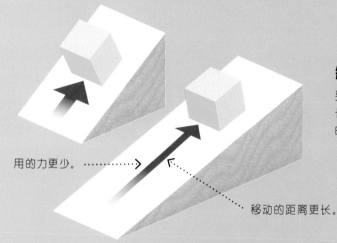

用的力更少。

移动的距离更长。

斜面的应用

(1) 抬升物体更容易。

(2) 降低物体的高度。

滑梯

台阶　　　　**轮椅坡道**

螺旋

螺旋可以通过转动实现垂直移动。

转动

垂直移动

螺旋的应用

(1) 连接两个物体。

瓶盖可以拧到瓶子上

(2) 使物体升高——螺旋式楼梯。

(3) 把物体固定在一起——螺钉或配套的螺母和螺栓。

(4) 拧开或拧紧开关——水龙头。

(5) 产生推力。

船上的螺旋桨

(6) 钻孔——钻头。

阿基米德螺旋泵

据说，古希腊学者阿基米德（前 287—前 212 年）发明了一种水车，能把水从低处运往高处。螺旋式水车的套筒内装有一根螺杆。当螺杆转动时，水随螺旋形叶片升高，最终从水车的另一端流出。如今，阿基米德螺旋泵的原理仍在为人们所利用。

建造金字塔

考古学家认为，古埃及人在吉萨建造金字塔时，使用了长斜坡来拖拽巨大的石块。

轮子和滑轮组

轮子是圆形的杠杆（见第 16—17 页），它的支点是中心的轴，力围绕着这个支点移动。运输过程中，轮子可以通过在地面上滚动减小摩擦力（见第 6—7 页）。滑轮组利用一组滑轮使升降重物更容易。

轮和轴

常见的轮子大多是绕着轴旋转的。轴为轮子持续稳定工作创造了条件，使轮子的用途更加广泛。而且，轮与轴之间的接触面如果很光滑，摩擦力会很小。

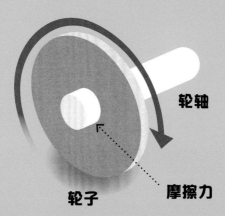

轮轴

轮子　　**摩擦力**

世界上最早的轮子可能是用来制作陶器的陶轮。根据考古发现，它也许在

8 000年前

就已经出现了。

轮子的应用

就像杠杆一样，轮子也可以用来将力的效果放大。同样是转一圈，轮子越大，滚动距离就越远。在大轮子的边缘转动轮子，比在轴心处转动轮子更省力。

小轮子

大轮子

滑轮

滑轮是一种简单机械，轮子的周边有槽，绳子可以沿着槽绕在轮子上。

一个滑轮

用一个被固定住的滑轮提升重物，可以改变用力方向，但这个拉力至少要与重物的重量相等，才能拉动它。

两个滑轮

增加滑轮可以使提升重物更省力。像下面这样用两个滑轮能节省一半的力，但拉动绳子的长度是原来的两倍。

四个滑轮

像下面这样用四个滑轮提升重物，只需要四分之一的力，但拉动绳子的长度需增大为原来的四倍。

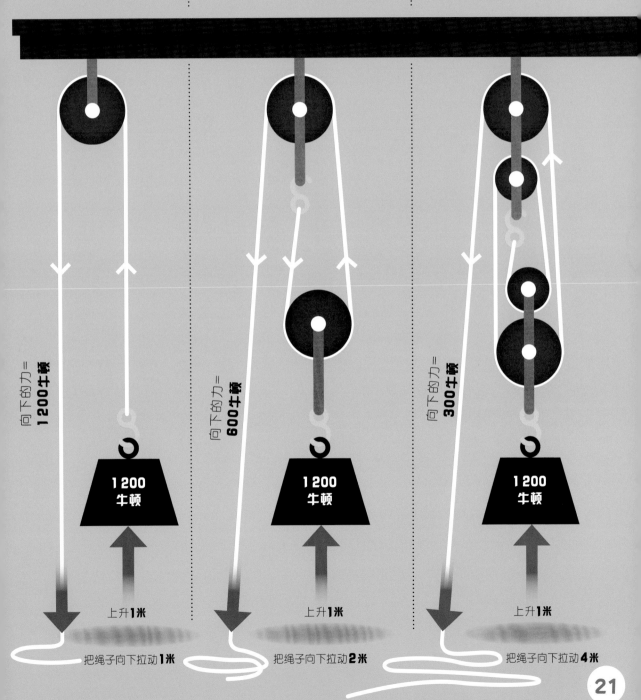

向下的力＝
1 200牛顿

1 200
牛顿

上升**1米**

把绳子向下拉动**1米**

向下的力＝
600牛顿

1 200
牛顿

上升**1米**

把绳子向下拉动**2米**

向下的力＝
300牛顿

1 200
牛顿

上升**1米**

把绳子向下拉动**4米**

原子的力量

原子是构成许许多多物质的微粒，而且拥有强大的冲击力。它们可以用来发电和治疗疾病。

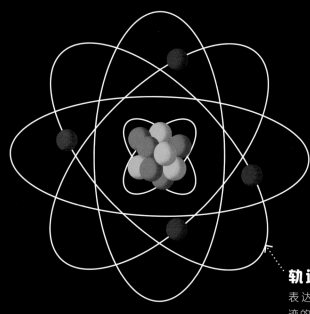

原子内部

原子的中心，是由质子和中子紧密结合而成的原子核。围绕原子核飞速运动的，是十分微小的电子。

● 带负电荷的电子

○ 带正电荷的质子

● 不带电的中子

轨道（对"围绕"一词的直观表达，实际上并非电子运动轨迹的原貌）

核裂变

把一个微小的中子发射到一个比它大很多的铀原子中，会使铀原子分裂，释放出能量。原子在分裂时，会释放出许多中子，而这些中子又会作用在更多的原子上，使其分裂，然后释放更多的能量和中子，引发连锁反应。这就是核裂变。

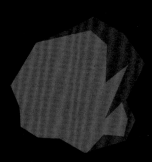

28 000千克

18 000千克

▲
1千克

核反应堆可以利用核裂变来发电。**1千克**天然铀全部核裂变所产生的能量，与**18 000千克**石油或**28 000千克**煤充分燃烧产生的能量相当。

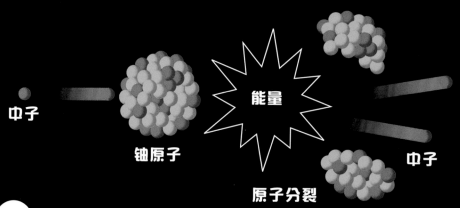

中子 　　铀原子 　　能量 　　原子分裂 　　中子

核聚变与发光的恒星

在恒星（例如太阳）的中心，巨大的引力和超高的温度，使较轻的原子聚合形成较重的原子。核聚变也能释放能量，我们可以通过光和热感知到它。

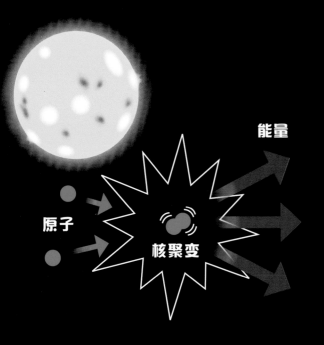

能量

原子

核聚变

放射性

有些原子不稳定，比较容易分裂，并释放出较小的粒子，比如阿尔法射线、贝塔射线和伽马射线等粒子束，被称为具有放射性。

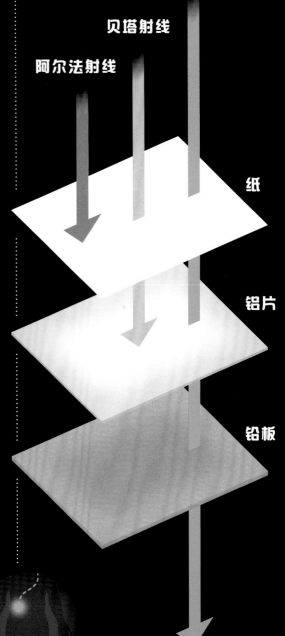

伽马射线

贝塔射线

阿尔法射线

纸

铝片

铅板

放射性物质的应用

在现代医学中，放射性物质有多种用途：

放射性物质放出的**伽马射线**，可以聚焦到肿瘤上，杀死癌细胞。

伽马射线被用于杀死那些可能存在于医疗设备上的细菌和病毒，使设备保持无菌状态，确保使用安全。

放射性物质可以用作示踪剂，显示身体某些部位的健康状况。

磁体和磁力

磁力是自然界本来就存在的一种力，它可以吸引或推开某些物质。磁体的大小和形状多种多样，小到一颗钉子，大到整个行星，都可以成为磁体。

磁铁是什么？

磁铁是一种常见的磁体，能产生磁场。磁场产生的力，既可以作用于其他磁体，也可以作用于电流。能够自由转动的磁铁，静止时指向地球南方的那端叫南极（S极），指向北方的那端叫北极（N极）。

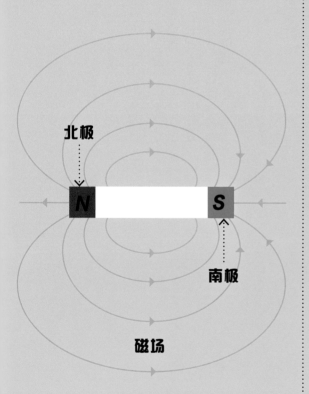

北极

N   S

南极

磁场

制作磁铁

有些物体（如铁钉）可以经由磁铁沿同一方向反复摩擦，使其内部众多微小磁场的方向变得一致，从而被磁化。但另一些物体（如橡皮）则基本上不能被磁化。

吸引和排斥

磁铁相同的磁极（北极和北极，或南极和南极）在相互靠近时，会相互排斥；不同的磁极（北极和南极）在相互靠近时，则会相互吸引。

不同的磁极相互吸引。

相同的磁极相互排斥。

未被磁化的铁钉。

1.

电磁铁

电流通过导线时会形成磁场。把导线缠绕在铁芯（如钉子）上，当有电流通过时，它的磁场就会增强。

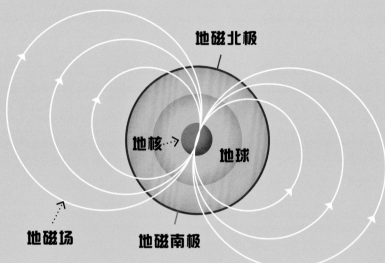

电流

N   S

地磁北极

地核   地球

地磁场   地磁南极

行星大小的磁体

地球具有磁场。地磁场的起源至今是一个谜。曾有人猜测地球的核心是由铁、镍等强磁性物质组成的，它们旋转时会产生磁场，但这个假说是不成立的。研究指出，地磁场对人类的生存与发展极为重要。

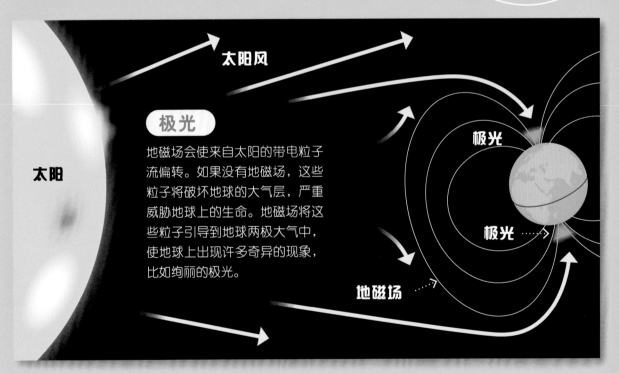

太阳风

极光

地磁场会使来自太阳的带电粒子流偏转。如果没有地磁场，这些粒子将破坏地球的大气层，严重威胁地球上的生命。地磁场将这些粒子引导到地球两极大气中，使地球上出现许多奇异的现象，比如绚丽的极光。

太阳

极光

极光

地磁场

用磁铁沿同一方向摩擦铁钉。

S

N

2.

被磁化的铁钉。

3.

磁体的应用

磁体和磁力有许多用处。它们能指明方向，揭示地球内部运动情况，还能用来发电，以及能以惊人的力量和速度移动物体。

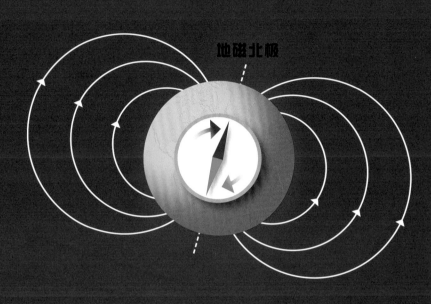

地磁北极

指南针

指南针里有一个可以自由旋转的小磁针。在地球磁场的影响下，当磁针停止旋转时，指明南北方向。

岩石上的"条纹"

随着地球部分板块构造的分离，岩浆从地表下涌出。当岩浆逐渐冷却为岩石时，其中的磁性矿物沿着所处的磁场方向被磁化。据研究测算，每隔数十万年，地磁场就会发生倒转，南北磁极会互换位置。此后，由新喷发出来的岩浆冷却形成的岩石，会呈现出与老旧岩石相反的磁性图案，产生的磁性"条纹"，会与之前形成的不同。

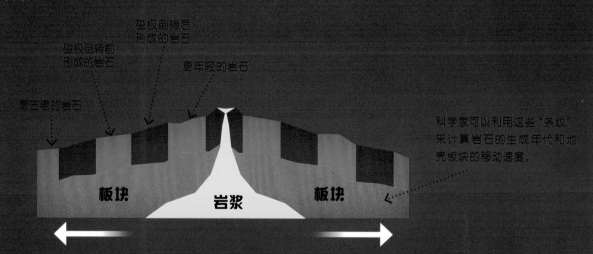

磁极倒转后
形成的岩石

磁极倒转前
形成的岩石

更年轻的岩石

更古老的岩石

科学家可以利用这些"条纹"来计算岩石的生成年代和地壳板块的移动速度。

板块　　**岩浆**　　**板块**

有人认为，现在的地球正处在一个磁极倒转的过程中。

上一次倒转发生在大约 **70 万年前**。

26

发电

人们发现，在磁场中旋转金属线圈可以产生电流。这被应用于发电机内部，通过蒸汽、水或者风促使金属线圈转动，产生出人们生产和生活所需的电力。

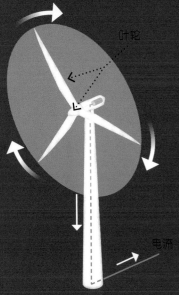

风力发电

风力发电机利用空气的运动来旋转巨大的叶轮。叶轮连接着大型金属线圈。叶轮旋转，带动线圈在发电机内部的磁场中旋转，从而产生电流。

叶轮

电流

风力发电机组

磁铁

旋转的
金属线圈

发电机

水力发电

水可以通过多种方式发电。水电站利用水流来驱动连接发电机的水轮机（见第4页），而潮汐电站则利用涨落的潮水来发电。

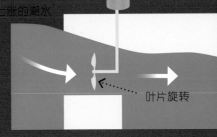

发电机

电流

上涨的潮水

叶片旋转

潮汐发电站

汽轮机

发电机

电流

水蒸气

水

燃烧燃料

火力发电站

借助蒸汽发电

水在加热后会产生蒸汽，而蒸汽可以推动汽轮机的叶片旋转，驱动发电机产生电力。火力发电是通过燃料（如石油或煤炭）燃烧产生的能量将水加热，而核能发电用的则是核反应所产生的能量来代替燃料燃烧。

磁悬浮列车

磁悬浮列车利用磁力作用，使列车在运行时悬浮在导向轨之上。如此一来，列车与导向轨之间就不会接触，减少了摩擦力，列车的最高速度能超过每小时600千米。

导向电磁铁

导向轨

悬浮电磁铁

词汇表

磁极

磁体上磁性最强的部分。针形、条形、马蹄形磁体的磁极，都在接近其两端处。

电磁铁

由线圈和金属芯组成，通电时具有磁性、能产生磁场的磁体。

发电机

能够发电的设备，比如用机械力让磁体在线圈中旋转来发电。

杠杆

在力的作用下能绕杆上一固定点转动的直杆或者曲杆。

轨道

物体在空间运动的路径。

滑轮

周边有槽，可以绕中心轴转动的轮子，提升重物时可省力或改变用力方向。

极光

在高纬度地区的高空中出现的彩色发光现象，由太阳发出的高速带电粒子进入南北极附近高空，与空气的分子或原子碰撞后形成。

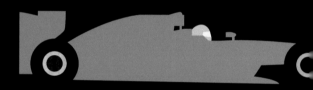

加速度

描述单位时间内速度变化的量，包括速度的快慢和方向。

空气阻力

由空气产生的、妨碍物体运动的力，比如物体表面与空气间的摩擦力。它的方向与物体运动方向相反。

螺旋

可以看作绕在圆柱（或圆锥）体上的斜面。

摩擦力

两个物体间的接触面所产生的阻碍相对运动或相对运动趋势的力。

气压

与气体接触的面，所受到的气体分子施加的压力。通常指大气压强。

润滑剂

加入两个相对运动的表面之间，能减少或避免摩擦损伤的物质。

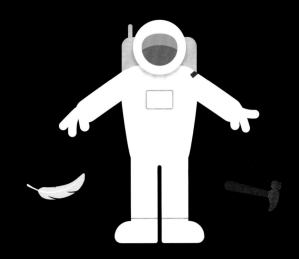

流线型物体

升力

物体在空气中运动时，空气把物体向上托的力。

斜面

一个倾斜的平面，用其升降物体时可以省力。

压强

垂直作用在物体单位面积上的力。

叶轮

安装有叶片的轮盘，和机械的轴相连，并与之一起转动，是涡轮机（如水轮机、汽轮机）等旋转式机械的主要部件。

支点

在杠杆上，起支撑作用且杠杆绕着转动的点。

重力

地球或其他天体吸引其他物体的力。

重量

度量物体惯性大小或者物体间引力作用强弱的量，有时也指物体中所含物质的量。

轴

圆柱形的零件，轮子等机件能绕着它或随着它转动。

注：本书地图插图系原版书插附地图。

SCIENCE IN INFOGRAPHICS: FORCES
Written by Jon Richards and illustrated by Ed Simkins
First published in English in 2017 by Wayland
Copyright © Wayland, 2017
This edition arranged through CA-LINK International LLC
Simplified Chinese edition copyright © 2022 by BEIJING QIANQIU ZHIYE PUBLISHING CO., LTD.
All rights reserved.

著作权合同登记号　图字：01-2021-3130

审图号：GS(2021)3349号

图书在版编目（CIP）数据

不可思议的力 ／（英）乔恩·理查兹著 ；（英）埃德·
西姆金斯绘 ；梁秋婵译. -- 北京 ：中国妇女出版社，
2022.3
（一看就懂的图表科学书）
ISBN 978-7-5127-2116-6

Ⅰ．①不… Ⅱ．①乔… ②埃… ③梁… Ⅲ．①力学－
普及读物 Ⅳ．①O3-49

中国版本图书馆CIP数据核字(2022)第011731号

责任编辑：王　琳
封面设计：秋千童书设计中心
责任印制：李志国

出版发行：中国妇女出版社
地　　址：北京市东城区史家胡同甲24号　　　邮政编码：100010
电　　话：（010）65133160（发行部）　　　65133161（邮购）
邮　　箱：zgfncbs@womenbooks.cn
法律顾问：北京市道可特律师事务所
经　　销：各地新华书店

印　　刷：北京启航东方印刷有限公司
开　　本：185mm×260mm　1/16
印　　张：2
字　　数：36千字
版　　次：2022年3月第1版　2022年3月第1次印刷
定　　价：108.00元（全六册）

如有印装错误，请与发行部联系